Nancy Kumbhani

Fenologia de espécies arbóreas importantes de diferentes zonas de Ahmedabad

Nancy Kumbhani

Fenologia de espécies arbóreas importantes de diferentes zonas de Ahmedabad

Imprint
Any brand names and product names mentioned in this book are subject to trademark, brand or patent protection and are trademarks or registered trademarks of their respective holders. The use of brand names, product names, common names, trade names, product descriptions etc. even without a particular marking in this work is in no way to be construed to mean that such names may be regarded as unrestricted in respect of trademark and brand protection legislation and could thus be used by anyone.

Cover image: www.ingimage.com

This book is a translation from the original published under ISBN 978-620-7-81052-9.

Publisher:
Sciencia Scripts
is a trademark of
Dodo Books Indian Ocean Ltd. and OmniScriptum S.R.L publishing group

120 High Road, East Finchley, London, N2 9ED, United Kingdom
Str. Armeneasca 28/1, office 1, Chisinau MD-2012, Republic of Moldova, Europe
Printed at: see last page
ISBN: 978-620-7-87129-2

FENOLOGIA DE ESPÉCIES ARBÓREAS IMPORTANTES DE DIFERENTES ZONAS DE AHMEDABAD

APRESENTADA POR DR.NANCY R. KUMBHANI

ÍNDICE

CAPÍTULO-1 3

CAPÍTULO-2 7

CAPÍTULO-3 37

CAPÍTULO-4 40

CAPÍTULO-5 48

CAPÍTULO-6 50

CAPÍTULO-7 51

CAPÍTULO-1

INTRODUÇÃO

Breve história da fenologia vegetal

A fenologia deriva da palavra grega "phaino" que significa "mostrar" e "logos" que significa "estudar". Consequentemente, o termo fenologia refere-se às datas do primeiro aparecimento de cada acontecimento natural no seu ciclo anual. O termo fenologia foi introduzido pela primeira vez pelo professor belga Charles francois Antoine Morren, em 16 de dezembro de 1849, na sua conferência pública na "Academia Real das Ciências, Letras e Belas Artes da Bélgica". Na língua inglesa, o termo fenologia foi utilizado em 1875 (Lynn 1910, Egerton 1977). A "observação do período de floração e frutificação das plantas, da foliação e desfoliação das plantas, da chegada, nidificação e partida das aves" foi a primeira descrição de fenologia publicada em inglês (Anon 1884, Oxford English Dictionary 2008). A palavra "fenologista" refere-se a um cientista que estuda a fenologia. Interessavam-se pelas fenofases correlacionadas com o clima. Por exemplo, o inverno começa com a queda das folhas e termina com a rebentação dos botões. Quer vivamos em ambientes urbanos ou rurais, podemos aperceber-nos constantemente da mudança das estações. Por exemplo, a floração e a frutificação adiantadas ou atrasadas, a queda precoce das folhas, etc. As plantas não têm relógio ou calendários, mas recebem sinais da mudança das estações. A fenologia, tal como todas as ciências ambientais, utiliza métodos quantitativos para medir e descrever a ocorrência de acontecimentos e padrões no mundo natural. Os fenologistas registaram as datas em que uma planta abre a primeira e a última flor, bem como o número de flores abertas em cada dia ou semana durante o período de floração. Ao estudarmos as estações do ano com mais pormenor ao longo da nossa vida, podemos aprofundar a nossa ligação e compreensão das paisagens que habitamos. Também melhoramos a nossa capacidade de observar, quantificar a velocidade e o tempo das estações, cujo início e duração estão a começar a mudar com a mudança do clima.A fenologia é definida como o calendário da natureza porque é permitida pelo ritmo da natureza. É o estudo do momento em que ocorrem os eventos biológicos nas plantas, como a floração, a frutificação, o fluxo foliar e a germinação (Leith, 1974). A fenologia é "a ciência da aparência" (Kasarkar R. e Kulkarni D. 2011). Envolve o estudo da resposta dos organismos vivos às mudanças sazonais e climáticas do ambiente em que vivem (Moza e Bhatnagar,2005). Os fenómenos fenológicos podem ser bastante sensíveis às condições ambientais. A fenologia fornece-nos conhecimentos sobre os contornos do crescimento e desenvolvimento das plantas, bem como sobre o efeito do ambiente e as suas influências no comportamento da floração e da frutificação (Zhang, G., Song, Q. & Yang, D. (2006). Com base nos registos históricos e nas observações, os fenómenos fenológicos podem variar de ano para ano devido às alterações climáticas. O estudo destas mudanças em função da estação e do clima é conhecido como fenologia. Atualmente, o clima global está a aquecer devido a muitas razões, como a poluição, a desflorestação, etc. Pequenas alterações no clima têm um grande efeito sobre a vegetação. A temperatura é também um fator muito importante que afecta a diversidade fenológica.

1.1.Importância do estudo fenológico:

A fenologia é uma das respostas biológicas mais sensíveis à variação ambiental, o que é importante porque as mudanças nas fenofases indicam as mudanças nas condições ambientais. Os eventos fenológicos são importantes para a agricultura, educação, saúde humana, ciência ambiental, biodiversidade e ecologia (Rumi e Vulic, 2005). O estudo fenológico é utilizado para compreender facilmente as estratégias adaptativas das espécies vegetais num determinado tipo de ecossistemas e a sua gestão. Não só é importante na gestão das plantas, como também é útil no combate à florestação, na análise do mel, na biologia floral, na estimativa da reprodução e da regeneração (Mulik e Bhosale, 1989). Os amantes da natureza podem prever o momento perfeito dos fenómenos fenológicos, como a floração, a frutificação e a cor das árvores no outono, para fotografia ou herbário. Muitas pessoas são alérgicas aos pólenes de qualquer flor. Podem ser preparadas para as alergias sazonais. É também útil para fins educativos, envolvendo os estudantes e o público local na investigação científica através de métodos simples. A fenologia é um fator chave na determinação da dinâmica populacional, interacções entre espécies, distribuições, movimentos de animais e evolução das histórias de vida (Schwartz,2003; Møller et al.2008). Os dados fenológicos são essenciais para estudos sobre o sistema de reprodução, informações sobre a libertação de pólen e as suas implicações para os seres humanos. Também é muito útil para comparar eventos fenológicos em diferentes áreas. O conhecimento da regeneração é crucial para compreender a causa da raridade e da conservação de taxa vegetais raros (Drury, 1974; Kruckeberg e Rabinowitz, 1985). Noutros animais, o estudo fenológico é necessário para o sucesso reprodutivo e a sobrevivência dos indivíduos (Post et al., 2008; Sparks et al., 2000). É também útil para os guardas-florestais e gestores de terras que monitorizam a saúde das nossas florestas. As variações fenológicas podem ser observadas de forma visível e não são necessárias metodologias especializadas ou ferramentas sofisticadas para monitorizar a forma como as plantas respondem às variações climáticas. A informação fenológica fornece-nos informação valiosa para monitorizar todos os aspectos dos ecossistemas (Lechowicz, 2001). Os alunos acompanham a fenologia dos jardins da escola para iniciarem os seus próprios diários fenológicos. Fenofases como o aparecimento dos primórdios foliares, a queda das folhas, a floração, a antese e a floração, a frutificação podem ser registadas no próprio local. Estas fenofases criam dados autênticos para estudar o impacto das alterações climáticas na fenologia (Moza e Bhatnagar, 2005). A variabilidade e o momento dos eventos fenológicos ajudarão a decidir as datas de irrigação, fertilização e proteção das culturas. Em suma, o momento dos eventos do ciclo de vida desempenha um papel importante na jardinagem, silvicultura, ambiente e socioeconomia.

1.2. Alterações climáticas:

A fenologia é o estudo das respostas dos organismos vivos à variação ambiental, o que é importante porque as alterações na fenologia servem tanto para forçar como para condicionar os processos ecológicos. O comportamento reprodutivo de qualquer espécie individual apresenta uma variação significativa (avançada ou atrasada) em resultado da variabilidade climática. As fases de desenvolvimento das plantas provocadas pelas actuais alterações climáticas globais antropogénicas podem afetar a produtividade das plantas, a interligação com organismos heterótrofos e a competição entre espécies vegetais (Franz-W. Badeck, Alberte Bondeau, et al.2004). O aparecimento dos botões florais, a floração, a iniciação das folhas, a polinização, a fertilização e a dispersão das sementes estão todos correlacionados com a configuração meteorológica (Anónimo, 2009 (NBRI)). A nível mundial, a influência do aumento da temperatura, da alteração da precipitação, do aumento das concentrações de CO2 e de outros aspectos das alterações globais tem sido correlacionada com o momento dos acontecimentos biológicos (fenologia) das plantas. As alterações climáticas globais podem provocar variações na altura, duração e sincronização das fenofases nas florestas tropicais (Reich, 1995). As alterações nas fenofases como a floração e as migrações das aves são as respostas mais biológicas às alterações climáticas. Os eventos fenológicos podem ser registados em função da estação do ano e da região, o que nos fornece informações valiosas sobre a forma como as alterações climáticas afectam os ecossistemas ao longo do tempo.

CAPÍTULO 2

REVISÃO DA LITERATURA

2.1.Factores que afectam a fenologia das plantas:

As plantas dependem de certos factores ambientais abióticos, como a temperatura, a precipitação, a seca, o dióxido de carbono (CO_2) e o fotoperíodo, para produzir os produtos vegetais que são essenciais para a nutrição e a saúde humanas. A quantidade destes factores varia consoante os locais.

Temperatura: A temperatura é um dos factores climáticos mais influentes que afectam as taxas de crescimento das plantas (Stewart et al., 1998). Em muitos casos, foi demonstrado que temperaturas mais elevadas aceleram a fase de desenvolvimento e levam à incidência de mudanças para a fase ontogenética seguinte (Badeck et al., 2004). As taxas das reacções químicas dependem da temperatura e geralmente aumentam com o aumento da temperatura. Nos sistemas vivos, isto é especialmente verdadeiro para as reacções catalisadas por enzimas. Os processos biológicos sensíveis à temperatura incluem a desnaturação de enzimas a altas temperaturas, a cinética enzimática, a fluidez das membranas, a congelação e a formação de cristais de gelo e a consequente destruição das estruturas celulares (Johnson & Thornley, 1985).

Precipitação: devido às alterações climáticas, registou-se um aumento da precipitação e da queda de neve em todo o mundo. (Tollefson,2016). As fases vegetativas e as fases reprodutivas são desencadeadas pelo início da estação das chuvas (Daubenmire 1972; Borchert 1994; Bullock e Solis-Magallanes 1990; Eamus e Prior 2001; Do et al., 2005).

Seca : As secas extremas estão relacionadas com as alterações climáticas. Devido à maior libertação de gases com efeito de estufa na atmosfera, a temperatura do ar aumenta. O aumento das temperaturas aumenta a taxa de evaporação. O solo seco é menos capaz de absorver água do solo. O stress hídrico é responsável pela calendarização das fenofases nas florestas tropicais secas (Singh e Kushwaha, 2005).

CO2 : As emissões de CO2 são a principal fonte de poluição atmosférica. (Cleland et al., 2006). A floração foi induzida nas forbes mas atrasada nas gramíneas devido ao efeito do CO2 mais elevado sobre as populações de gramíneas (Cleland et al., 2006).

Fotoperíodo: O segundo fator mais importante que desencadeia as fases fenológicas da primavera é o comprimento do fotoperíodo. A floração e o fluxo foliar estão relacionados com a humidade, a temperatura e a duração do dia. Devido ao aumento da duração do fotoperíodo, o início da floração em espécies lenhosas foi observado em março e abril (Yadav & Yadav, 2008). Os eventos fenológicos podem ser afectados por factores bióticos como polinizadores (Lobo et al., 2003), dispersores de sementes, predadores de sementes ou herbívoros (Frankie et al., 1974; Rathcke e Lacey, 1985; Wheelwright, 1985; Aide,1992; Murah e Sukumar, 1993; Curran e Leighton, 2000). Ambientes em mudança levam a mudanças nos eventos do ciclo de vida, e estas foram registadas para muitas espécies de plantas. Estas alterações conduziram à competição entre plantas. As épocas de floração das plantas britânicas, por exemplo, mudaram, levando a que as plantas anuais floresçam mais cedo do que as perenes e a que as plantas polinizadas por insectos floresçam mais cedo do que as plantas polinizadas pelo vento, com potenciais consequências ecológicas.

2.2. Impacto das alterações climáticas na fenologia das plantas:

As árvores produzem oxigénio e absorvem dióxido de carbono. A redução do número de árvores aumentou a quantidade de dióxido de carbono na natureza. As alterações fenológicas têm efeitos na produção agrícola, hortícola e florestal, na saúde humana, como a libertação de pólen e as infestações de insectos, bem como na distribuição das espécies e nos seus ciclos de vida, na sequência do aquecimento climático. As actividades antropogénicas desempenham um papel importante e contribuem para as alterações climáticas em todo o mundo (Mishra, 2016). Devido à sua natureza séssil, as plantas não podem deslocar-se de condições adversas como todos nós. Muitos factores climáticos afectam a fenologia das plantas, como a velocidade do vento, a temperatura, a humidade, as horas de luz solar e a precipitação (Keatley in Schwartz, 2003). O crescimento das plantas e o seu desenvolvimento dependem fortemente da temperatura, cada espécie tem um intervalo de temperatura ótimo ou específico para sobreviver num determinado ambiente (Hatfield, 2015). Muitas espécies são altamente sensíveis à mais pequena variabilidade no clima de qualquer ecossistema (Anónimo, 2009 (NBRI)). O tempo quente avançou na primavera e atrasou a chegada do inverno, mas o período de crescimento das plantas vai tornar-se mais longo, o que tem um impacto muito grande nos organismos vivos. O longo período de crescimento pode causar variabilidade nos efeitos biogeoquímicos e biofísicos em resultado das alterações climáticas (Pilson, 2000).

2.3. Descrição da planta:

Família:

1. Sapotáceas:

As Sapotaceae estão subdivididas em cinco tribos com 53 géneros e 1250 espécies (Pennington, 1991; Govaerts et al., 2001). A família Sapotaceae é uma das famílias pegajosas e produtoras de látex, que se encontra em cortes de casca, ramos, folhas e frutos. As folhas são geralmente alternas, simples e inteiras. As plantas são árvores ou arbustos com uma distribuição mundial em regiões tropicais e subtropicais da Ásia e da América do Sul. As flores são pequenas, branco-creme, agrupadas no eixo das folhas. O fruto é indeiscente e tem a forma de baga ou drupa. No entanto, Manilkara zapota (L.) P. Royen) é um fruto comestível. O fruto é carnudo, em forma de ovo, verde e laranja ou vermelho (na maturação). As sementes contêm um óleo e os cotilédones são carnudos (Caballero, B., Trugo et al., 2003). Manilkara zapota (L.) P. Royen e Mimusops elengi L. pertencem à família das sapotáceas.

1. Manilkara zapota (L.) P. Royen

Origem e distribuição geográfica :

A Manilkara zapota (L.) P. Royen foi introduzida pelos povos nativos como árvore de fruto na América tropical, nas Índias Ocidentais, nas Bermudas, nas Florida keys e no sul da Flórida continental (Morton 1987). Tailândia, Filipinas, Sri Lanka, Camboja, Indonésia, Bangladesh e Malásia estão entre os maiores produtores de frutos de M. zapota (Morton, 1987; Mickelbart, 1996). Foi registada em 1989, reproduzindo-se e espalhando-se em Paradise Key e Pine Island no Parque Nacional de Everglades (Whiteaker e Doren, 1989). A sapota é cultivada nos estados de Gujarat, Maharashtra, Andhra Pradesh, Karnataka, Tamil Nadu, Kerala, Haryana, Daman & Diu, Pondicherry, Madras e Bengala, devido ao seu valor frutífero.

Classificação:

Kingdom: Plantae
Class: Dicotyledons
Subclass: Gamopetalae
Series: Heteromerae
Order: Ebenales
Family: Sapotaceae
Genus: Manilkara
Species: M. zapota (L.) P. Royen

(Swaminathan, M. S., Kochhar, S. L., & Chaudhary, S., 2007)

Sinónimos indianos de Manilkara zapota (L.) P. Royen:

Sânscrito: vikkotam

Bengali: sapeta, Sobeda, Sofeda

Inglês: Chikoo **Hindi:** Chikoo **Kannada:** Chikku **Punjabi:** Sapodilla **Urdu:** Chikoo

Descrição botânica:

Manilkara zapota (L.) P. Royen pertence à família das sapotáceas. É uma árvore perene e de crescimento lento, com 8-15 m de altura. Também é chamada de chikoo, sapota plum e sapodilla. A madeira, de cor castanho-avermelhada, é dura e resistente. As folhas têm 7,5-11,25 cm de comprimento, são verdes, ovadas a elípticas, brilhantes e alternas. As flores são pequenas, brancas e em forma de sino. O fruto tem uma forma redonda a ovoide, varia entre 5-10 cm de diâmetro, superfície rugosa e castanha. As sementes são pretas com uma margem branca (K.H.S. Peiris, 2007).

Componentes químicos:

As folhas de Manilkara zapota (L.) P. Royen contêm compostos fenólicos (apigenina-7-O-α-l-ramnosídeo e ácido cafeico). Taninos, triterpenos, esteróides,

11

compostos lipofílicos, lenhina, grãos de amido e cristais de oxalato de cálcio também estão presentes na lâmina foliar. A miricetina-3-O-α- l-rhamnoside (miricetrina) é isolada tanto das folhas (Subramanian, S. S., & Nair, A. G. R., 1972) como dos frutos (Ma, J., Luo et al., 2003) de Manilkara zapota (L.) P. Royen.

Utilizações:

O fruto da sapotilha é consumido fresco ou transformado em gelado, conservas, manteiga e compota. O sumo do fruto é utilizado para fazer vinho fermentado ou vinagre. A goma ou o látex leitoso é utilizado no fabrico de correias de transmissão e em cirurgia dentária. O tanino é utilizado como medicamento tradicional para curar a diarreia e a febre no Camboja (Krishnapillay et al., 1993). As folhas da planta possuem propriedades antioxidantes (Kaneria e Baravalia et al., 2009). As folhas também têm atividade antimicrobiana (Nair, R., & Chanda, S., 2008) (Osman, M. A., 2011) potencial analgésico, propriedades anti-hiperglicémicas e hipocolesterolémicas (Fayek e N. M. et al., 2012; Jain e P. K. et al., 2011). A casca é utilizada como desordem gastrointestinal, febre, dor e também condição inflamatória (Hossain, H., Jahan et al., 2012).

2. Mimusops elengi L.

Origem e distribuição geográfica :

A Mimusops elengi L. é originária da Índia, da Indochina, do Sri Lanka, das Ilhas Andaman e de Myanmar. A Mimusops é habitualmente plantada como árvore ornamental em África (Gana, Maurícia, Moçambique e Tanzânia). Encontra-se nos ghats orientais, nos ghats ocidentais, no noroeste dos Himalaias, no planalto central de Deccan, na planície indo-genética, na costa oriental, na costa ocidental e nas ilhas periféricas (Kadam e P. V. et al., 2012).

Classificação:

Reino: Plantae **Classe:** Dicotiledóneas **Subclasse:** Gamopetáceas **Série:** Heteromerae **Ordem:** Ebenales **Família:** Sapotaceae **Género:** Mimusops **Espécie:** M. elengi L.(Swaminathan, M. S., Kochhar, S. L., & Chaudhary, S., 2007)

Sinónimos indianos de Mimusops elengi L.:

Sânscrito: Anangaka, Visharada ,Bakula, Dhanvi, Gudhpushpa, Kantha, Karuka, Kesha, Mukula, Madhupushpa, Padyamoda, Sharadika, Sindhugandha, Sthirmukhgandha Simhakeshaa, Chirapushpa, Surabhi, T ailanga, Varalahdha (Bharat gami, Smita Pathak e Minoo parabia, 2012).

Bengali: Bakul

Inglês: Balaio asiático, bukal, nêspera indiana, cereja espanhola

Hindi: Maulsari

Kannada: Ranjal

Punjabi: Maulsari, Maulsiri

Urdu: Kirakuli

Descrição botânica:

Mimusops elengi L. é uma árvore perene de pequeno a grande porte que cresce até 15 m de altura (Kadam e P. V. et al., 2012). As folhas são verde-escuras, oblongas, elípticas, de margem ondulada e os pecíolos têm 1,2-2,5 cm de comprimento (Mitra, R., & Yadav, K. C., 1980). As flores são de cor branca e de aroma doce. Os frutos são ovóides, bagas, com 2,5 cm de comprimento, amarelos quando maduros. As sementes têm forma ovoide, cor castanha acinzentada, são solitárias e brilhantes (Gami, B., & Parabia, M. H., 2010; Gopalkrishnan, B. et al., 2010).

Componentes químicos:

A M.elengi contém várias propriedades medicinais como antibacteriana, antifúngica, anticariogénica, antinociceptiva, gastroprotectora, etc. (Gami, B., Pathak et al., 2012). As folhas do extrato etanólico produzem quercitol (1,7%), β-caroteno, glucose e hentriacontano. β-sitosterol, β-sitosterol- β-D-glucósido e D-manitol presentes nas folhas (Baliga, M. S., 2011; Kalita, D., & Saikia, C. N., 2004; Gami, B., 2007). Tanino, cera, amido, sais inorgânicos formadores de cinzas, matéria corante e algum caoutchouc foram isolados da casca da árvore de bakul (Gami, B., & Parabia, M. H., 2010).

Utilizações:

A casca é utilizada como tónico, cardiotónico, refrescante, estomacal e cura para doenças dos dentes. As flores também são utilizadas como refrescantes, para problemas hepáticos, dores de cabeça e doenças do sangue e do nariz. Os frutos são normalmente utilizados como afrodisíaco, diurético e também são bons para a gonorreia (Gami, B., Pathak, S., & Parabia, M. 2012). As diferentes partes de

M.elengi foram estudadas quanto ao branqueamento da pele e ao potencial antioxidante em solventes (Gupta, P. C. 2013).

2. Moraceae:

As Moraceae são árvores monóicas ou dióicas, arbustos e raramente ervas, compreendendo cerca de 37 géneros e 1050 espécies que ocorrem predominantemente nas regiões tropicais (Ribeiro,1999). A família Moraceae caracteriza-se por um látex leitoso ou aquoso. As folhas são geralmente alternas, simples, inteiras e pinadas. As flores são muito pequenas, esverdeadas e unissexuais, mas variam na forma das inflorescências. Os frutos são maioritariamente drupáceos, incrustados e múltiplos, devido ao facto de os frutos de diferentes flores se juntarem (Rahman, A. H. M. M., & Khanom, A., 2013). Ficus religiosa L. e Ficus benghalensis L. pertencem à família Moraceae.

1. Ficus religiosa L. :
Origem e distribuição geográfica :

Ficus religiosa L. é nativa da Índia e originária do Norte e Leste da Índia. A árvore também se encontra no Bangladesh, Nepal, Paquistão, China e Sri Lanka (Kumar, A., Sandeep et al., 2018).

Classificação:

Reino: Plantae

Classe: Dicotiledóneas **Subclasse:** Monochlamydeae **Série:** Unisexuais

Família: Moraceae

Género: Ficus

Espécies: F. religiosa L.

(Swaminathan, M. S., Kochhar, S. L., & Chaudhary, S., 2007)

Sinónimos indianos de Ficus religiosa L.:

Sânscrito: Pippala

Bengali: Asvattha, Ashud, Ashvattha

Inglês: Árvore de Pipal

Hindi: Pipala, Pipal

Kannada: Arlo, Ranji, Basri, Ashvatthanara, Ashwatha, Aralimara, Aralegida, Ashvathamara, Basari, Ashvattha

Punjabi: Pipal, Pippal

Urdu: Peepal

Descrição botânica:

Ficus religiosa L. é uma árvore grande e antiga. As folhas são brilhantes na primeira aparição, a sua cor é vermelho-rosada, depois tornam-se verdes e crescem até cerca de 12 a 18 cm de comprimento (Bhalerao, S. A., & Sharma, A. S. 2014). A casca é de cor branca ou castanha e os frutos são pequenos, com cerca de ½ polegada de diâmetro, de cor verde e tornam-se pretos no período de maturação (Chandrasekar, S. B. et al., 2010). A floração foi observada em fevereiro, enquanto a frutificação começa no verão e a maturação está completa antes da estação das chuvas (Bhalerao e Sharma, 2014).

Componentes químicos:

A F. religiosa tem sido relatada várias propriedades medicinais em copmounds químicos como antibacteriana, antioxidante, antidiabética e antiulcerosa (Gautam et al., 2014). A casca contém flavonóides, alcalóides, esteróides, lanosterol, β-sitosteril-D-glucósido, bergaptol e teor de fenol. As folhas são relatadas como compostos bioativos como campestrol, estigmasterol, taninos, isofucosterol, arginina, ácido aspártico, serina, glicina, alanina, prolina, treonina, tirosina, metionina, valina, isoleucina e triptofano, que cura para prevenir problemas gástricos (Kumar, A., Sandeep et al., 2018). Os frutos também contêm compostos bioactivos como a asparagina, o undecano, a tirosina, o ocimeno, o limoneno, os flavonóides e outros compostos fenólicos (Rutuja et al., 2015).

Utilizações:

O sumo da folha foi utilizado em vários tratamentos como asma, distúrbios sexuais, hematúria, tosse, dor de ouvidos, dor de dentes, problemas gástricos e problemas oculares. A casca era utilizada em diabetes, gonorreia, hemorragia, diarreia, paralisia, fratura, anti-sético e antídoto (Sirisha, N., Sreenivasulu et al., 2010). As partes da F. religiosa podem ser consumidas sob a forma de cápsulas, comprimidos e óleo. Os frutos também ajudam na febre, no alongamento dos tornozelos e no alívio de hemorragias nasais (Kumar, A., Sandeep et al., 2018).

2. Ficus benghalensis L.
Origem e distribuição geográfica :

Ficus benghalensis L. é originária do Sul da Ásia, especialmente da Índia, Sri Lanka e Paquistão (Gopukumar et al., 2015). É originária da Ásia, do Sudeste Asiático, do Sul da China, da Birmânia, da Malásia e da Tailândia (Khaliq, H. A., 2017).

Classificação:

Kingdom: Plantae
Class: Dicotyledons
Subclass: Monochlamydeae
Series: Unisexuales
Family: Moraceae
Genus: Ficus
Species: F. benghalensis L. (Swaminathan, M. S.,

Kochhar, S. L., & Chaudhary, S., 2007)

Sinónimos indianos de Ficus benghalensis L.:
Sânscrito: Bahupada **Bengali:** Bar **Inglês:** Banyan tree **Hindi:** Bargad
Kannada: Alada, Aalada mara

Punjabi: Bohar

Urdu: Bohar ou Bargad
Descrição botânica:

Ficus benghalensis L. é uma árvore de grande porte, até 30 m de altura, com ramos largos e raízes aéreas. As folhas são de cor verde, brilhantes, ovadas, coriáceas e de base arredondada. Os frutos são pequenos, receptáculos carnudos,

aquénios e de cor vermelha. A casca é branca esverdeada (Khaliq, H. A., 2017).
A flor tem flores pequenas, separadas como flores masculinas e femininas, as
sementes são minúsculas (Gopukumar et al., 2015).

Componentes químicos:

As folhas contêm 20,53% de oxalato de cálcio, 0,4% de fósforo, 9,63% de
proteínas brutas e 26,84% de fibras brutas. Derivados de antocianidina (éteres
metílicos de leucodelfinidina-3-O-L-rhamnosídeo (Subramanian, et al., 1977)
,12 leucopelargonidina-3-O-L-rhaamnosídeo, leucocianidina-3-O-D-
galactosilcelobiosídeo (Cherian et al, 1992) 13 e 14 para além do glucósido de
beta-sitosterol e do mesoinsitol, cetonas lipáticas de cadeia longa (tetratriacont-
20-en-2ona, pentatriacontan-5-ona, heptatriacont-6-en-10-ona (Kumar et al.,
1989) isoladas da casca do caule (Gopukumar et al., 2015).

Utilizações:

A casca da planta é utilizada no tratamento da diabetes (Mandal et al., 2010). A
raiz aérea ajuda na inflamação do fígado, biliosidade, disenteria e sífilis (Govil
et al., 1993). O látex leitoso é utilizado em reumatismo, dores, contusões e
lumbago (Tripathi et al., 2015). De acordo com charaka, o extrato aquoso de
botões de folhas de Ficus misturado com açúcar e mel é utilizado em
hemorragias, diarreia e hemorragias nas pilhas (Kothapalli et al., 2014).

3. Fabaceae:

A família Fabaceae é também conhecida como leguminosae (a família das
leguminosas, ervilhas ou feijões). Inclui árvores, arbustos e plantas herbáceas e
perenes ou anuais. A família Fabaceae é a maior das angiospérmicas, sendo

constituída por cerca de 650 géneros e 18.000 espécies (Judd et al., 1999). As leguminosas estão distribuídas nos lagos de água doce da Amazónia, nas florestas tropicais e subtropicais do novo e do velho mundo, nos desertos da Ásia Central e na vegetação ártico-alpina da região temperada. As plantas Fabaceae têm a capacidade de formar nódulos radiculares com bactérias fixadoras de azoto (Harris, S., 2004). As folhas são geralmente compostas de forma pinada, por vezes trifoliadas ou palmadas e estipuladas (Simpson, M. G., 2010). O tipo de fruto é legume ou vagem, que depois de secar liberta as sementes.

Bauhinia purpurea L. e Senna siamea (Lam.) H.S. Irwin & Barneby pertencem à família Fabaceae.

1. Bauhinia purpurea L.

Origem e distribuição geográfica :

A Bauhinia purpurea L. é nativa do Sul da China, de Hong Kong e do Sudeste Asiático e é observada em toda a Índia, subindo até uma altitude de 1300 m nos Himalaias (Khare,2004). Na América, encontra-se no Havai, na costa da Califórnia, no sul do Texas e no sudoeste da Florida (Kumar, T., & Chandrashekar, K. S., 2011).

Classificação: Reino: Plantae

Class: Dicotyledons
Subclass: Polypetalae
Series: calyciflorae
Order: Rosales
Family: Fabaceae
Genus: Bauhinia
Species: B. purpurea L.
(Swaminathan, M. S., Kochhar,

S. L., & Chaudhary, S., 2007)

Sinónimos indianos de Bauhinia purpurea L. :

Sânscrito: Devakanchan

Bengali: Koiral

Inglês: butterfly tree, Orchid tree

Hindi: Kaniar

Kannada: devakanchan, kempu mandaara, kanjivala

Punjabi: kachnal

Urdu: kachnar

Descrição botânica:

A Bauhinia purpurea L. é uma árvore de folha caduca, de pequeno ou médio porte, com até 17 m de altura. A casca é cinzenta-acinzentada ou castanha, quase lisa. As folhas são largas, com 2 lóbulos, arredondadas e com 7,5 a 15 cm de comprimento (Kumar, T., & Chandrashekar, K. S., 2011). As flores são numerosas, púrpura-rosadas e quase brancas, hipanto, botões em forma de clube e com 3-4 cm de comprimento. Os frutos são uma vagem, geralmente com 30 cm de comprimento e contendo 12-16 sementes, que aparecem no mês de dezembro. As sementes são largas, castanhas escuras, lisas, suborbiculares, com 1,3 cm e achatadas (Kirtikar e Basu, 1991).

Componentes químicos:

As folhas de B. purpurea contêm uma mistura de ésteres gordos de fitol, leutina e β-sitosterol (Ragasa et al., 2004). Contém também metabolitos secundários flavonóides, glicosídeos, saponinas, compostos fenólicos, ácidos gordos e fitoesteróis e a semente é uma fonte de galactose e lactose (lectina), péptido que interage com hidratos de carbono (Kumar, T., & Chandrashekar, K. S., 2011). A flor de B. purpurea dá isoquercitina e astragalina (Ramchandra e joshi 1967).

Utilizações:

A raiz de Bauhinia purpurea L. é utilizada para flatulência, expulsão de gases e dores de estômago, a casca da planta é utilizada no tratamento da diarreia (Kumar, T., & Chandrashekar, K. S., 2011). O pó da flor com água fervida é utilizado como laxante (Wassel et al., 1986). A B. purpurea tem sido utilizada em vários países, como a Índia, o Paquistão e o Sri Lanka, para curar doenças como inchaços glandulares, úlceras, diarreia, tumores estomacais, feridas e doenças de pele (Jones e German, 1993).

2. Senna siamea (Lam.) H.S. Irwin & Barneby

Origem e distribuição geográfica :

A Senna siamea (Lam.) é originária da América do Sul e do Leste da Índia. Na Índia, é encontrada em Assam, Maharastra, Gujarat e Rajasthan. É uma árvore de crescimento rápido e de elevada produção de biomassa que cresce na região do Sudeste Asiático e na África Ocidental e tem sido útil em programas de florestação utilizando terrenos degradados e baldios (Parveen et al., 2010).

Classificação:

Reino: Plantae **Classe:** Dicotiledóneas **Subclasse:** Polypetalae **Série:** calyciflorae **Ordem:** Rosales **Família:** Fabaceae **Género:** Senna **Espécie:** S. siamea (Lam.) (Swaminathan, M. S., Kochhar, S. L., & Chaudhary, S., 2007)

Sinónimos indianos de Senna siamea (Lam.) H.S. Irwin & Barneby :

Sânscrito: Swarn Patri

Inglês: Pau-ferro

Hindi: Kassod

Guzerate: kashod

Kannada: Simethangadi, Hiretangedi, Motovolanyaro, Sima Tangedu

Descrição botânica:

Senna siamea (Lam.) é uma árvore de tamanho médio, geralmente com 10 a 12 m de altura, tem uma casca cinzenta densa, redonda, perene e lisa, ligeiramente fissurada longitudinalmente (Heinsleigh e Holaway, 1988). As folhas têm 10-35 cm de comprimento, são alternas, pinadas, compostas, os folíolos são oblongos, verde-escuros, com 3-7 cm de comprimento e 1,2 -2 cm de largura (Orwa et al., 2009). A inflorescência tem 30-60 cm de comprimento e 13 cm de largura, flor pentâmera amarela. As vagens são longas e estreitas. As sementes são

23

numerosas, em forma de feijão e brilhantes (Orwa et al., 2009).

Componentes químicos:

As folhas contêm alcalóides, saponina, antraquinonas, taninos e phlobataninas, que foram estudados utilizando o método de Trease e Evans (1978). Mn, Cr, Na, Mg e k estão presentes nas folhas (Mohammed et al., 2013).

Utilizações:

A Senna siamea é utilizada tradicionalmente para o tratamento da iterícia, febre tifoide, dores abdominais, redução do nível de açúcar no sangue e dores menstruais, sendo etnomedicamente utilizada como agente de limpeza do sangue, laxante, distúrbios geniturinários, rinite, herpes e cura do sistema digestivo (Smith, Y. A. 2009). As folhas, caules, flores, sementes e raízes são utilizadas na malária e em doenças endémicas tropicais com morbilidade e mortalidade (Nadembega et al., 2011).

4. Meliaceae:

Família Meliaceae que compreende cerca de 51 géneros e 575 espécies de árvores (Gouvêa et al., 2008). As plantas são árvores, raramente arbustos e nativas de regiões tropicais e subtropicais. A maioria das espécies é perene, algumas são decíduas. As folhas são compostas, alternas, folíolos dispostos e m forma de pena, geralmente folhas pinadas sem estípulas. As flores são actinomórficas, hermafroditas, panículas, cimas e cachos. Os frutos são carnudos, bagas, capsulares ou drupáceos e de cor verde ou amarela. Raiz ramificada. As sementes são aladas e endospérmicas (raramente), ou não endospérmicas (Yadav et al., 2015). Azadirachta indica A. Juss. e Melia azedarach L. pertencem à família Meliaceae.

1. **Azadirachta indica L.**

Origem e distribuição geográfica:

Azadirachta indica L. é nativa de áreas secas na Índia, Paquistão, Afeganistão, Sri Lanka, Myanmar, Bangladesh e China (Abdulla, 1972; Tewari, 1992; Vietmever, 1992; Gupta, 1993). Na Índia, a árvore de neem encontra-se em Gujarat, Haryana, Andhra Pradesh, Assam, Deli, Bihar, Maharashtra, Madhya Pradesh, Punjab, Rajasthan, Orissa, Bengala Ocidental, Andaman e Ilhas Nicobar (Sindhuveerendra, 1995; Chakraborthy e Konger, 1995; Bahuguna, 1997; Fathima, 2004).

Classificação Reino: Plantae

Classe: Dicotiledóneas **Subclasse: Série** Polypetalae: Disciflorae **Ordem:** Geraniales **Família:** Meliaceae **Género:** Azadirachta

Espécie: A. indica L. (Swaminathan, M. S., Kochhar, S. L., & Chaudhary, S., 2007)

Sinónimos indianos de Azadirachta indica L. : Sânscrito: Nimbaka, Pakvakrita

Bengali: Neem

Inglês: Bastard tree, bead tree, Margosa tree

Hindi: Neem **Kannada:** Turakabevu **Punjabi:** Nimm **Urdu:** Neem

Descrição botânica:

A Azadirachta indica L. é uma árvore, geralmente com 40-50 pés ou mais, com ramos longos e casca castanha escura. As folhas são compostas, imparipinadas e alternadas umas com as outras. As flores são brancas e dispostas axilares, as panículas têm até 25 cm de comprimento (Maithani et al., 2011). Os frutos são verdes, amarelos quando amadurecem, com aroma presente (Hashmat et al., 2012). A iniciação das folhas e a floração ocorrem entre março e abril e a frutificação entre abril e agosto, dependendo da localidade (Parrotta et al., 2001; Ross, I. A., 2001).

Componentes químicos:

Azadirachta indica L. contém isoprenóides (como diterpenóides e triterpenóides contendo protomeliacinas, azadirona, limonóides, compostos do tipo vilasinina e C- secomeliacinas como salanina, nimbina e azadiractina) e não-isoprenóides como proteínas (aminoácidos), hidratos de carbono, compostos sulfurados, polifenólicos como glicosídeos, flavonóides, taninos e compostos alifáticos, etc. (Maithani et al., 2011).

Utilizações:

As partes do Neem apresentam uma atividade antimicrobiana através de um efeito inibitório sobre o crescimento microbiano ou a degradação da parede celular. As folhas de Azadirachta são utilizadas em problemas oculares, úlceras cutâneas, lepra, epistaxe e vermes intestinais. O fruto é utilizado no tratamento de perturbações urinárias, diabetes e feridas e a flor é utilizada na eliminação de vermes intestinais e na supressão da bílis (Pankaj et al., 2011).

2. **Melia azedarach L.**

Origem e distribuição geográfica:

Melia azedarach L. é uma espécie originária do Sul da Ásia (Sul da China, Irão e Índia) que foi cultivada no novo mundo. A planta está distribuída no Paquistão, Índia, Indonésia e Austrália, Argentina, Brasil, Filipinas, países africanos e árabes (Al-Rubae, A. Y., 2009). Na Índia é encontrada nas regiões áridas e semi-áridas das planícies do Noroeste e nos estados do Norte da Índia como Jammu e Caxemira, Himachal Pradesh, Uttar Pradesh, Punjab e Haryana (Sapna Thakur et al., 2016).

Classificação: Reino: Plantae

Classe: Dicotiledóneas

Subclasse: Polypetalae **Série:** Disciflorae **Ordem:** Geraniales **Família:** Meliaceae **Género:** Melia

Espécie: M. azedarach L. (Swaminathan, M. S., Kochhar, S. L., & Chaudhary, S., 2007)

Sinónimos indianos de Melia azedarach L. :

Sânscrito: Mahanimba, Paratanimba vraksha, Himadruma

Bengali: Ghora neem.

Inglês: Lilás persa, Orgulho da Índia, Orgulho da China, árvore de contas comum.

Hindi: Bakayan, Mahanimb, Bakain,

Kannada: Bevu.

Panjabi: Drek.

Urdu: Bakain

Descrição botânica:

A Melia azedarach L. é uma árvore de folha caduca, de tamanho pequeno a médio, com uma altura de até 45 m e uma copa extensa. A madeira é dura e resistente às correntes de ar (Seth., 2003). As folhas são alternas, com 20-40 cm de comprimento, bipinadas ou tripinadas, verde-escuras, serrilhadas e a casca é castanho-esverdeada quando jovem, tornando-se cinzenta com a idade (Sharma, D., & Paul, Y., 2013). As flores são roxas e numerosas em caules finos. Os frutos são bagas, pequenas, lisas e com sementes. As sementes são castanhas, oblongas, 3,5 mm x 1,6 mm e a polpa está presente (Sultana et al.,2011; Al-Rubae et al., 2009).

Componentes químicos:

A Melia azedarach L. contém moléculas orgânicas como alcalóides, taninos, saponinas, terpenóides, flavonóides, esteróides, ácidos e antraquinonas (Rishi et al., 2003, Bahuguna et al., 2009, Suresh et al., 2008). As raízes apresentam limonóides e terpenóides como 6-Acetoxy-7a-hydroxy-3- oxo14β, 6-Acetoxy-3β-hydroxy-7-oxo14β, 15 β-epoxymeliac-1,5-diene-3-0-β-D- glucopyranoside, Azecin-1, Azecin-2, Azecin-3 e Azecin-4 (Deepika Sharma e Yash Paul, 2013).

Utilizações:

O extrato de folhas de Melia é aplicado externamente para queimaduras. As folhas também são utilizadas como anti-helmíntico, diurético, doenças de pele, dores de dentes, febre e dores reumáticas (Qureshi et al., 2016). As flores são utilizadas como diurético, anódino, adstringente e resolvente. Também ajuda a matar piolhos, doenças estomacais e eruptivas da pele (Zhou et al., 2005). O óleo de sementes é utilizado como anti-sético para curar úlceras, doenças de pele (sarna, micose e reumatismo), febre da malária e lepra (Ramya et al., 2009).

5. Rutaceae:

A família Rutaceae é constituída por cerca de 150 géneros e 1500 espécies de árvores e arbustos distribuídos em regiões tropicais e temperadas (Roy, D., & Rahman, A. H. M. M., 2016). Cerca de 25 géneros e 80 espécies da família rutaceae foram registados na Índia (Sharma, 2004). As folhas podem ser simples ou compostas, alternadas mas raramente opostas, aromáticas com glândulas de óleo nas superfícies. As flores são completas, unissexuais em Evodia e Zanthoxylum, brancas ou amarelas, regulares. Os frutos são grandes e globosos (Roy, D., & Rahman, A. H. M. M., 2016).
Aegle marmelos (L.) correa pertence à família Rutaceae.

1. Aegle marmelos (L.) correa

Origem e distribuição geográfica:

A árvore Aegle marmelos (L.) correa é originária dos Ghats Orientais e da Índia Central. É nativa da Índia e encontra-se no Sub-Himalaia, em Bengala Ocidental, no centro e no sul da Índia. Também se encontra no Uttaranchal,

Jharkhand, Himalaias, Bihar, Chhattisgarh e Madhya Pradesh. A árvore Bael é cultivada em Trinidad e em alguns jardins egípcios no Suriname (Lambole et al., 2010).

Classificação

Reino: Plantae **Classe:** Dicotiledóneas **Subclasse:** Polypetalae **Série:** Disciflorae **Ordem:** Geraniales **Família:** Rutaceae

Género: Aegle

Espécie: A. marmelos (L.) correa (Swaminathan, M. S., Kochhar, S. L., & Chaudhary, S., 2007)

Sinónimos indianos de Aegle marmelos (L.) correa :

Sânscrito: Adhararutha, Atimangaliya, Bilva, Asholam,

Bengali: Bael, Bel

Inglês: Bengal quince, Beal fruit, Golden apple, Indian quince, Stone apple.

Hindi: Bel, Bili e Bela e Sirphal

Kannada: Bela, Bilva

Panjabi: Bael

Urdu: Bael

Descrição botânica:

A árvore Bael é uma árvore de tamanho médio, normalmente com 12-15 m de altura, com casca grossa, macia e espalhada, por vezes com ramos espinhosos (Patkar et al., 2012). As folhas são alternadas, com 4-10 cm de comprimento, 2-5 cm de largura, ovais, nascem isoladamente ou em grupo, com pecíolo longo e folíolos dentados (Dhankhar et al., 2011). As flores são perfumadas e formam-se em cacho ao longo dos ramos novos. Os frutos são uma casca lisa e lenhosa (Pathirana et al., 2020).

Componentes químicos:

A Aegle marmelos (L.) correa contém vários compostos como a marmina, marmelida, marmenol, marmelosina, aloimperatorina, psoraleno, rutaretina, escopoletina, aegelina, anidromarmelina, fagarina, limoneno, â-fellandrene, imperatorina, ácido betulínico, auropteno e luvangentina (Bansal, Y., & Bansal, G., 2011). O A. marmelos também apresenta os fitoquímicos, como o eugenol, o citral, as antocianinas, o lupeol, o limoneno e a rutina (Baliga, M. S. et al., 2013).

Utilizações:

As folhas são utilizadas no tratamento da asma e da iterícia (Bhar, K., Mondal, S., & Suresh, P., 2019). Também ajuda no tratamento do beribéri (Kumar, K. S. et al., 2012). Os frutos são utilizados na gonorreia, o tónico cardíaco e o extrato de frutos ajudam a diminuir o nível de açúcar, o tratamento das hemorróidas, a doença gastrointestinal crónica e a inflamação do reto (Dhankhar et al., 2011; Kirtikar et al., 1935). O extrato de flor tem sido utilizado para a atividade de cicatrização de feridas (Gautam et al., 2014). A decocção da raiz e da casca é útil na palpitação cardíaca, melancolia e febre (Sarkar et al., 2020).

6. Bignoniaceae:

A família Bignoniaceae compreende cerca de 110 géneros e 650 espécies de árvores, arbustos e, geralmente, videiras. As espécies de plantas estão distribuídas por todo o mundo, mas a maioria ocorre na América do Norte, Ásia Oriental, regiões tropicais e subtropicais (Rahmatullah et al., 2010). Bignoniaceae vulgarmente conhecida como família Bignonia ou família catalpa, família Trumpet creeper. As folhas são geralmente compostas de forma pinada, opostas, raramente simples ou alternadas. As raízes são rasteiras e ramificadas. As flores são geralmente bracteadas, bissexuais e zigomorfas. As sementes são exalbuminosas e aladas, com poucas excepções (Ugbabe et al., 2008). Milingtonia hortensis L.f. pertence à família Bignoniaceae.

1. Milingtonia hortensis L.

Origem e distribuição geográfica:

A Milingtonia hortensis L. é originária da Birmânia e do Arquipélago Malaio, mas também cresce na maior parte da Índia. É utilizada como planta medicinal no sul da Ásia, desde a Índia, Tailândia, Birmânia e sul da China (Kumari, A., & Sharma, R. A., 2013).

Classificação:

Reino: Plantae **Classe:** Magnoliopsida **Ordem:** Lamiales **Família:** Bignoniaceae **Género:** Millingtonia **Espécies:** M. hortensis L.f.

(Kumari, A., & Sharma, R. A., 2013)

Sinónimos indianos de Milingtonia hortensis L. : Sânscrito: Akash Nimba, Kawal Nimba **Bengali:** Akasnim

Inglês: Sobreiro da Índia

Hindi: Neem chameli

Kannada: Akash mallige, Birate mara, Beratu

Descrição botânica:

A Milingtonia hortensis L. é uma árvore alta e de folha caduca que cresce até 25m. As folhas são compostas pinadas, opostas, ovadas, foliáceas e inteiras. As inflorescências são cimose-paniculadas. A M. hortensis L. é uma árvore de crescimento rápido que dá flores de manhã cedo. As flores são brancas, em forma de trombeta e com cinco lóbulos subiguais. Os frutos são longos, estreitos e as sementes são finas e achatadas (Ramasubramaniaraja, R., 2010).

33

Componentes químicos:

As folhas de Milingtonia hortensis são uma fonte de óleo essencial, flavonóides, alcalóides e taninos (Sharma et al., 2007). As raízes contêm fitoquímicos como β-sitosterol, lapachol e poulownin (Prakash, L., & Garg, G., 1981). As flores de Millingtonia apresentam hispidulina, flavonóides scutellarein e scutellarein-5-glucuronide (Sankara-Subramanian et al., 1971)

Utilizações:

As folhas de Millingtonia são utilizadas como sinusite, colagogo, antipirético e tónico na medicina popular. As folhas e as raízes são utilizadas na atividade antiasmática e antimicrobiana. As flores também são utilizadas na asma, colagogo, sinusite e tónico. O caule é utilizado como tónico e para a tosse, enquanto a casca é utilizada para corantes amarelos (Kumari, A., & Sharma, R. A., 2013).

7. Moringaceae:

A família Moringaceae é nativa do norte da Índia, mas amplamente distribuída em regiões asiáticas como o Paquistão, Bangladesh, Afeganistão, área sub-himalaia e também na América, África, Europa e Oceânia (Oliveira et al., 1999; Fahey, 2005). Geralmente a moringa é uma árvore perene ou decídua. A casca tem uma cor esbranquiçada ou cinzenta. As raízes são rasteiras e ramificadas. As folhas são alternadas, com pinas opostas e pecíolos longos. As flores são bissexuais, completas, bracteadas e zigomorfas ou actinomorfas. O fruto é uma cápsula longa e deiscente (Domenico et al., 2019) Moringa oleifera Lam. pertence à família Moringaceae.

1. Moringa oleifera L.

Origem e distribuição geográfica:

Moringa oleifera Lam. é nativa do norte da Índia e amplamente distribuída na Ásia, América, África, Europa e Oceania (Palada, M.C. 1996; Fuglie, L.J. 2001; Lim, T.K. 2012). A Moringa encontra-se na região noroeste da Índia e a sul das montanhas dos Himalaias e é cultivada em todo o Médio Oriente (Mallenakuppe et al., 2015).

Classificação:

Reino: Plantae **Classe:** Magnoliopsida **Ordem:** Capparales **Família:** Moringceae **Género:** Moringa
Espécies: M. oleifera Lam. (Paikra, B. K. (2017).

Sinónimos indianos de Moringa oleifera Lam. :

Sânscrito: Subhanjana

Bengali: sajina

Inglês: Árvore da baqueta, Árvore do rábano

Hindi: Saguna, Sainjna **Kannada:** Nugge **Panjabi:** Sainjna, Soanjna **Urdu:** sahajna

Descrição botânica:

A Moringa oleifera Lam. é uma árvore perene com uma altura de 7-12 m e um diâmetro de 20-60 cm à altura do peito. As folhas são duas ou três vezes pinadas, alternadas, pecíolo longo com 8-10 pares de pinadas que consistem em dois pares opostos, as flores são agradavelmente perfumadas, brancas ou de cor creme e os frutos são lobados e as vagens contêm 12-35 sementes (Bashir et al., 2016).

Componentes químicos:

As partes da Moringa oleifera Lam. contêm compostos bioactivos e metabolitos secundários, como ácidos fenólicos, ácido elágico, ácido gálico, ácido ferúlico, ácido clorogénico, flavonóides, glucosinolatos, kaemperol e vanilina, que têm propriedades nutricionais e antimicrobianas (Singh et al., 2009; Mbikay, M., 2012). Esteróis, procianidina, triterpenóides, alcalóides, taninos, glicosídeos, ácido octacosanóico e β-sitosterol isolados da casca do caule (Atawodi et al., 2010).

Utilizações:

As folhas e as vagens da moringa são normalmente consumidas na Índia e em África (Bashir et al., 2016). O fruto também ajuda a reduzir os níveis de lipoproteína de baixa densidade, lipoproteína de densidade muito baixa e lipoproteína de alta densidade (Mehta et al., 2003). A M. oleifera é uma fonte de agentes antioxidantes, coagulantes e antimicrobianos (Fahey, J. W. 2005; Anwar et al., 2007; Makkar et al., 2007; Brilhante et al., 2017). É também utilizado no tratamento de águas de aquacultura e no controlo microbiano (Ferreira et al., 2011).

CAPÍTULO-3
MATERIAIS E MÉTODO

3.1. Área de estudo:

O estudo dos fenómenos fenológicos de espécies arbóreas seleccionadas foi realizado em duas zonas de Ahmedabad durante 2021.

(1) New Maninagar, Ahmedabad.

(2) Jashodanagar, Ahmedabad.

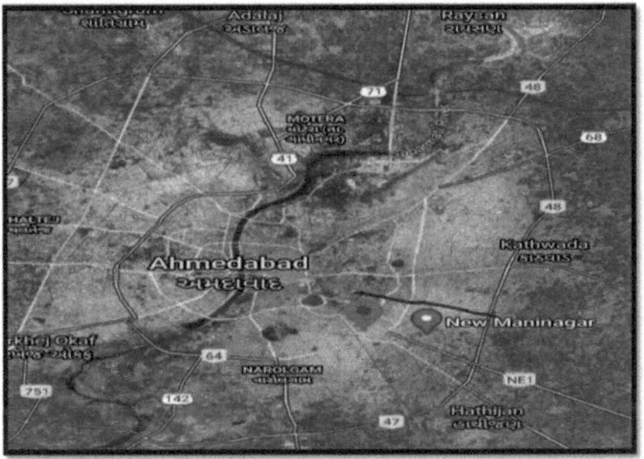

(Mapa da zona de estudo; Fontes: Google map)

(Nova maninagar)

(Jashodanagar)

As espécies arbóreas seleccionadas e os seus ramos foram marcados para observação de vários fenómenos fenológicos nestes locais de estudo e visitados pelo menos três vezes por mês para observações. As observações foram efectuadas durante o intervalo entre duas datas de amostragem (geralmente 10 dias) e apresentadas sob a forma de fenograma. Em todas as árvores específicas, foram observados os seguintes fenómenos fenológicos: 1) Desfolha 2) Floração 3) Frutificação e 4) Queda da folha. Cada fenofase foi assinalada com um símbolo distinto.

Tabela 1: Lista de espécies vegetais com a sua latitude e longitude

N.º Sr.	Nome da espécie	Nome comum	Latitude	Longitude
1	Aegle marmelos (L.)correa	Árvore de Bael	22.9831°	72.6231°
2	Mimusops elengi L.	Árvore de Bakul	22.9831°	72.6231°
3	Manilkara zapota (L.)P.Royen	Chikoo	22.9857°	72.6432°
4	Bauhinia purpurea L.	Árvore de orquídeas	22.9831°	72.6231°
5	Senna siamea (Lam.)H.S.Irwin & Barneby	Árvore de Cassod	22.9857°	72.6432°
6	Ficus benghalensis L.	Árvore de figueira-de-bengala	22.9857°	72.6432°
7	Ficus religiosa L.	Árvore Bodhi	22.9831°	72.6231°
8	Azadirachta indica L.	Árvore de Neem	22.9857°	72.6432°
9	Melia azedarach L.	Árvore de cereja chinesa	22.9857°	72.6432°
10	Milingtonia hortensis L.	Cortiça indiana árvore	22.9831°	72.6231°
11	Moringa oleifera L.	Árvore de baquetas	22.9857°	72.6432°

CAPÍTULO-4

RESULTADOS

Os resultados e observações das experiências são apresentados nos quadros e figuras seguintes.

Quadro 2: Fenograma das espécies seleccionadas de New maninagar, Ahmedabad.

Família	Nome da planta	Nova maninagar							
		janeiro			fevereiro			março	
Sapotáceas	Manilkara zapota (L.)P.Royen	♣☼	♣☼	♣☼	♣☼	♣♣☼	♣♣☼	♣♣☼	♣♣☼
Fabáceas	Senna siamea (Lam.)	♣☼	♣☼	♣☼	☼	☼	♠☼	♠☼	♠☼
Moraceae	Ficus benghalensis L.	♠☼	♠☼	♠☼	♠☼	♠☼	♠	♠	♠
Meliáceas	Azadirachta indica L.	▼	▼	▼	▼	♠	♠♣	♠♣	♠♣
Meliáceas	Melia azedarach L.	♠☼	♠☼	♠☼	♠♣☼	♠♣☼	♠♣☼	♠♣☼	♠☼
Moringaceae	Moringa oleifera L.	♣☼	♣☼	♣☼	♣☼	♣☼▼	☼▼	♠☼▼	♠☼▼

Quadro 3: Fenograma das espécies seleccionadas de Jashoda nagar , Ahmedabad.

Família	Nome da planta	Jashoda nagar							
		janeiro			fevereiro			março	
Sapotáceas	Mimusops elengi L.	♣☼	♣☼	♣☼	♣☼	♣☼	♣☼	♣☼	♣☼
Moráceas	Ficus religiosa L.	☼	☼	☼	▼☼	▼	▼	▼	▼
Rutáceas	Aegle marmelos (L.) correa	☼▼	☼▼	☼▼	☼▼	☼▼	☼▼	☼▼	☼▼
Bignoniaceae	Milingtonia hortensis L.	♣	♣	♣	▼	▼	♠▼	♠	♠
Fabáceas	Bauhinia Purpurea L.	♣▼	♣▼	♣▼	♣▼	♣▼	♣▼	♣▼	♣▼

Em que ♠ = Desfolha ♣ = Floração ☼= Frutificação ▼ = Queda da folha

Gráfico 1: Fenofase (em dias) de espécies seleccionadas de New maninagar, Ahmedabad.

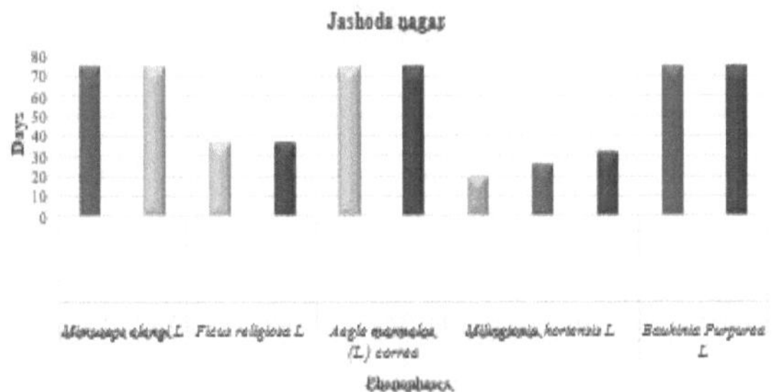

Gráfico 2: Fenofases (em dias) de espécies seleccionadas de jashoda nagar, Ahmedabad.

Seguem-se as fases fenológicas de 11 espécies de árvores:

1. Manilkara zapota (L.) P.Royen

Folhagem Floração e frutificação

41

Em Manilkara zapota (L.). P. Royen, a fenofase de folhagem foi observada entre fevereiro e março durante 29 dias, enquanto a fenofase de floração foi observada entre janeiro e março durante 75 dias e a fenofase de frutificação foi observada entre janeiro e março durante 75 dias. A queda das folhas não foi observada durante o período de estudo selecionado.

2. Senna siamea (Lam.) H.S.Irwin & Barneby

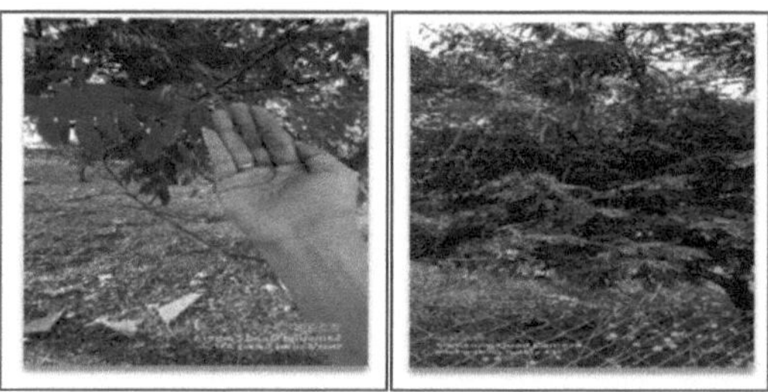

Folhagem Floração e frutificação

Em Senna siamea (Lam.) H.S.Irwin & Barneby, a fenofase de folhagem foi observada entre fevereiro e março durante 19 dias, enquanto a fenofase de floração foi observada em janeiro durante 26 dias e a fenofase de frutificação foi observada de janeiro a março durante 75 dias. A queda das folhas não foi observada durante o período de estudo selecionado.

3. Ficus benghalensis L.

Desfolha Frutificação

Em Ficus benghalensis L., a fenofase de folhagem foi observada entre janeiro e março durante 75 dias, enquanto a fenofase de frutificação foi observada entre janeiro e fevereiro durante 47 dias. A floração e a queda das folhas não foram observadas durante o período de estudo selecionado.

4.Ficus religiosa L.

Frutificação Queda das folhas

Em Ficus religiosa L., a fenofase de frutificação foi observada entre janeiro e fevereiro durante 37 dias. Enquanto que a queda das folhas foi observada entre fevereiro e março durante 36 dias. Enquanto que a floração e a folhagem não foram observadas durante o período de estudo selecionado.

5. Bauhinia purpurea L.

Floração Queda das folhas

Em Bauhinia purpurea L., a fenofase de floração foi observada entre janeiro e março durante 75 dias e a queda das folhas também foi observada entre janeiro e março durante 75 dias. Enquanto que a frutificação e a folhagem não foram observadas durante o período de estudo selecionado.

6. Aegle marmelos (L.) correa

Queda de folhas frutíferas

Em Aegle marmelos (L.) correa, a fenofase de frutificação foi observada entre janeiro e março durante 75 dias e a queda das folhas também foi observada entre janeiro e março durante 75 dias. Enquanto que a floração e a folhagem não foram observadas durante o período de estudo selecionado.

7. Azadirachta indica L.

Floração Folhagem Folhagem outono

Em Azadirachta indica L., a fenofase de folhagem foi observada entre fevereiro e março durante 28 dias. enquanto a fenofase de floração foi observada entre fevereiro e março durante 28 dias e a queda de folhas foi observada entre janeiro e fevereiro durante 47 dias. Enquanto que a frutificação não foi observada durante o período de estudo selecionado.

8. Melia azedarach L.

Folhagem Floração Frutificação

Em Melia azedarach L., a fenofase de folhagem foi observada entre janeiro e março durante 75 dias, enquanto a fenofase de floração foi observada entre fevereiro e março durante 18 dias e a fenofase de frutificação foi observada entre janeiro e março durante 75 dias. A queda das folhas não foi observada durante o período de estudo selecionado.

9. Milingtonia hortensis L.

Folhagem Floração Folhagem outono

Em Milingtonia hortensis L., a fenofase de folhagem foi observada entre fevereiro e março durante 19 dias, enquanto a fenofase de floração foi observada em janeiro durante 26 dias e a queda das folhas foi observada entre janeiro e fevereiro durante 32 dias. Enquanto que a frutificação não foi observada durante o período de estudo selecionado.

10. Moringa oleifera L.

Floração e frutificação Queda das folhas

Em Moringa oleifera L., a fenofase de floração foi observada entre janeiro e fevereiro durante 47 dias e a fenofase de frutificação foi observada entre janeiro e março durante 75 dias. Enquanto a queda de folhas foi observada em fevereiro durante 12 dias. Considerando que a queda de folhas não foi observada durante o período de estudo selecionado

11. Mimusops elengi L.

Floração e frutificação

Em Mimusops elengi L., a fenofase de floração foi observada entre janeiro e março durante 75 dias e a fenofase de frutificação foi observada entre janeiro e março durante 75 dias. A queda de folhas e a desfolha não foram observadas durante o período de estudo selecionado.

CAPÍTULO-5
DISCUSSÃO

Os fenómenos fenológicos das espécies vegetais incluem o crescimento vegetativo, a floração, a frutificação e a queda das folhas. No presente estudo, a fenofase de folhagem foi observada no máximo em Ficus benghalensis L. e Melia azedarach L. durante 75 dias, de janeiro a março. Enquanto que a fenofase de folhagem mínima foi observada em Senna siamea (Lam.) H.S. Irwin & Barneby e Milingtonia hortensis L. durante 19 dias no período de fevereiro a março. A fenofase de floração foi observada no máximo em Mimusops elengi L., Manilkara zapota (L.) P.Royen e Bauhinia purpurea L. por 75 dias durante janeiro a março e no mínimo em Senna siamea (Lam.) H.S. Irwin & Barneby e Milingtonia hortensis L. por 26 dias durante o mês de janeiro, Senna siamea (Lam.) H.S. Irwin & Barneby, Melia azedarach L., Aegle marmelos(L.) correa e Moringa oleifera L. durante 75 dias e o mínimo em Ficus religiosa L. durante 37 dias entre janeiro e março. A queda de folhas foi máxima em Bauhinia purpurea L. e Aegle marmelos (L.) correa por 75 dias entre janeiro e março, enquanto foi mínima em Moringa oleifera L. por 12 dias entre fevereiro e março. A partir da discussão acima, podemos dizer que todas as fenofases mostram variabilidade entre espécies e também entre áreas seleccionadas. Ficus benghalensis L. (Moraceae) e Melia azedarach L. (Meliaceae) apresentaram a fenofase de desfolha máxima (janeiro a março). De acordo com Rajendra kumar e Kalavathy (2013), a queda de folhas em Aegle marmelos (L.) correa começou no mês de novembro. Enquanto no presente estudo, observou-se que a queda máxima de folhas foi encontrada em Aegle marmelos (L.) correa (Rutaceae) e Bauhinia purpurea L. (Fabaceae) (janeiro a março) e a floração máxima foi registada nos membros da família Sapotaceae (janeiro a março). Duas espécies da família Meliaceae foram encontradas no início do mês de fevereiro. A floração e a frutificação de Manilkara zapota (L.) P. Royen e Melia azedarach L. foram registadas durante todo o ano (Shah,1978; Oza e Rajput,2006; Singh et al., 2008). A produção de folhas foi observada durante as estações secas e antes das chuvas (Frankie e G. W. et al.,1974). Estes padrões fenológicos das plantas são influenciados por factores ambientais como a temperatura, o fotoperíodo, a humidade e a precipitação. Yadav & Yadav, (2008) também observaram que a sincronização da floração e da folhagem depende da temperatura, da humidade e da duração do dia. As alterações climáticas de ano para ano conduzem a uma variabilidade na calendarização anual das fenofases (Chmielewski, 2004).

CAPÍTULO-6

CONCLUSÃO

Os resultados deste estudo mostram que as fenofases, nomeadamente as fases vegetativa e reprodutiva, estudadas em New Maninagar e Jashoda nagar, uma zona da cidade de Ahmedabad, apresentam variabilidade nos caracteres fenológicos devido a alterações de temperatura, humidade e sazonalidade. Esta investigação revelou que a iniciação foliar máxima ocorreu nos meses de fevereiro e março (06 espécies), a floração máxima ocorreu nos meses de janeiro e março (03 espécies), a frutificação máxima ocorreu nos meses de janeiro e março (07 espécies) e a queda foliar máxima ocorreu nos meses de janeiro e março (02 espécies). As variações nas fenofases devem-se a alterações nas condições ambientais, no habitat e na disponibilidade do solo, bem como no teor de nutrientes do solo, que foi adaptado aos habitats de acordo com o ambiente abiótico e biótico circundante desta área de estudo (Kumbhani N.R. e Maitreya B.B. 2020). Os dados fenológicos são úteis em estudos sobre alterações climáticas, funções dos ecossistemas e disciplinas ambientais.

CAPÍTULO-7

REFERÊNCIAS

1. Abdulla, P. (1972). Flora of West Pakistan No. 17: Meliaceae. Rawalpindi, Paquistão: Herbário Stewart, Gordon College.

2. Aide, T. M. (1992). Produção de folhas na estação seca: um escape à herbivoria. Biotropica, 532-537.

3. Al-Rubae, A. Y. (2009). Os usos potenciais de Melia azedarach L. como planta pesticida e medicinal, revisão. Jornal Americano-Eurásico de Agricultura Sustentável, 3(2), 185-194.

4. Anon (1884) Contributions to phenology. Natureza 30:558-559.

5. Anónimo (2009). Impact of Climate Change on the vegetation of Nainital and its surroundings (Impacto das alterações climáticas na vegetação de Nainital e arredores). Boletim informativo do NBRI 36, 25-31.

6. Anwar, F., Latif, S., Ashraf, M., & Gilani, A. H. (2007). Moringa oleifera: uma planta alimentar com múltiplos usos medicinais. Phytotherapy Research: An International Journal Devoted to Pharmacological and Toxicological Evaluation of Natural Product Derivatives, 21(1), 17-25.

7. Atawodi, S. E., Atawodi, J. C., Idakwo, G. A., Pfundstein, B., Haubner, R., Wurtele, G., ... & Owen, R. W. (2010). Avaliação do teor de polifenóis e propriedades antioxidantes dos extractos de metanol das folhas, caule e cascas de raiz de Moringa oleifera Lam. Journal of Medicinal Food, 13(3), 710-716.

8. Badeck, F. W., Bondeau, A., Böttcher, K., Doktor, D., Lucht, W., Schaber, J., & Sitch, S. (2004). Respostas da fenologia primaveril às alterações climáticas. New phytologist, 162(2), 295-309.

9. Baliga, M. S., Pai, R. J., Bhat, H. P., Palatty, P. L., & Boloor, R. (2011).

Química e propriedades medicinais do Bakul (Mimusops elengi Linn): Uma revisão. Food Research International, 44(7), 1823-1829.

10. Baliga, M. S., Thilakchand, K. R., Rai, M. P., Rao, S., & Venkatesh, P. (2013). Aegle marmelos (L.) Correa (Bael) e seus fitoquímicos no tratamento e prevenção do câncer. Integrative cancer therapies, 12(3), 187-196.

11. Bansal, Y., & Bansal, G. (2011). Métodos analíticos para a padronização de Aegle marmelos: A review. Jornal de Educação e Investigação Farmacêutica, 2(2), 37-44.

12. Bashir, K. A., Waziri, A. F., & Musa, D. D. (2016). Moringa oleifera, uma potencial árvore milagrosa; uma revisão. IOSR J. Pharm. Biol. Sci, 11(6), 25-30.

13. Bhalerao, S. A., & Sharma, A. S. (2014). Perfil etenomedicinal, fitoquímico e farmacológico de Ficus religiosa Roxb. Int J Curr Microbiol App Sci, 3(11), 528-538.

14. Bhar, K., Mondal, S., & Suresh, P. (2019). Uma revisão atraente de Aegle marmelos L. (Golden Apple). Pharmacognosy Journal, 11(2).

15. Brilhante, R. S. N., Sales, J. A., Pereira, V. S., Castelo, D. D. S. C. M., de Aguiar Cordeiro, R., de Souza Sampaio, C. M., ... & Rocha, M. F. G. (2017). Avanços da pesquisa sobre os múltiplos usos da Moringa oleifera: Uma alternativa sustentável para a população socialmente negligenciada. Revista de medicina tropical da Ásia-Pacífico, 10(7), 621-630.

16. Caballero, B., Trugo, L. C., & Finglas, P. M. (2003). Enciclopédia de ciências da alimentação e nutrição. Académico.

17. Chandrasekar, S. B., Bhanumathy, M., Pawar, A. T., & Somasundaram, T. (2010). Phytopharmacology of Ficus religiosa. Pharmacognosy reviews, 4(8), 195-199.

18. Cherian, S., Kumar, R. V., Augusti, K. T., & Kidwai, J. R. (1992). Efeito

antidiabético de um glicosídeo de pelargonidina isolado da casca de Ficus bengalensis Linn. Jornal indiano de bioquímica e biofísica, 29(4), 380-382.

19. Chmielewski, F. M., Müller, A., & Bruns, E. (2004). Alterações climáticas e tendências na fenologia das árvores de fruto e culturas arvenses na Alemanha, 1961-2000. Agricultural and Forest Meteorology, 121(1-2), 69-78.

20. Cleland, E. E., Chiariello, N. R., Loarie, S. R., Mooney, H. A., & Field, C. B. (2006). Respostas diversas da fenologia às alterações globais num ecossistema de prados. Proceedings of the National Academy of Sciences, 103(37), 13740-13744.

21. Curran, L. M., & Leighton, M. (2000). Vertebrate responses to spatiotemporal variation in seed production of mast fruiting Dipterocarpaceae. Ecological Monographs, 70(1), 101- 128.

22. Daubenmire, R. (1972). Fenologia e outras características da floresta tropical semi-decídua no noroeste da Costa Rica. The Journal of Ecology, 147-170.

23. Dhankhar, S., Ruhil, S., Balhara, M., Dhankhar, S., & Chhillar, A. K. (2011). Aegle marmelos (Linn.) Correa: Uma fonte potencial de Fitomedicina. J Med Plant Res, 5(9), 1497- 1507.

24. Domenico, M., Lina, C., & Francesca, B. (2019). Culturas sustentáveis para a segurança alimentar: Moringa (Moringa oleifera Lam.).

25. Drury, W. H. (1974). Rare species. Biological Conservation, 6(3), 162-169.

26. Egerton, F. N. (1977). Estudos e observações ecológicas antes de 1900. Issues and ideas in America, 311-351.

27. Fahey, J. W. (2005). Moringa oleifera: uma revisão da evidência médica para as suas propriedades nutricionais, terapêuticas e profilácticas. Parte 1. Trees for life Journal, 1(5), 1-15.

28. Fayek, N. M., Monem, A. R. A., Mossa, M. Y., Meselhy, M. R., & Shazly,

A. H. (2012). Estudo químico e biológico das folhas de Manilkara zapota (L.) Van Royen (Sapotaceae) cultivadas no Egipto. Pesquisa em Farmacognosia, 4(2), 85-91.

29. Ferreira, R., Napoleão, T. H., Santos, A. F., Sá, R. A., Carneiro da Cunha,M.G., Morais, M. M. C.,& Paiva, P. M. (2011). Actividades coagulante e antibacteriana da lectina solúvel em água de sementes de Moringa oleifera. Cartas em microbiologia aplicada, 53(2), 186-192.

30. Frankie, G. W., Baker, H. G., & Opler, P. A. (1974). Estudos fenológicos comparativos de árvores em florestas tropicais húmidas e secas nas terras baixas da Costa Rica. The Journal of Ecology 62, 881-919.

31. Fuglie, L. J. (2001). A árvore milagrosa; os múltiplos atributos da moringa (No. 634.97 M671). Centro Técnico de Cooperação Agrícola e Rural, Wageningen (Países Bajos).

32. Gami, B. (2007). Avaliação das propriedades farmacognósticas e anti-hemorroidais de Mimusops elengi Linn (Dissertação de Doutoramento, Tese de Doutoramento. Universidade Veer Narmad South Gujarat).

33. Gami, B., & Parabia, M. H. (2010). Avaliação farmacognóstica da casca e das sementes de Mimusops elengi L. Int J Pharm Pharm Sci, 2(4), 110-113.

34. Gami, B., Pathak, S., & Parabia, M. (2012). Revisão etnobotânica, fitoquímica e farmacológica de Mimusops elengi Linn. Jornal do Pacífico Asiático de biomedicina tropical, 2(9), 743-748.

35. Gautam, M. K., Purohit, V., Agarwal, M., Singh, A., & Goel, R. K. (2014). Potencial de cura in vivo de Aegle marmelos em modelos de feridas de excisão, incisão e espaço morto. The Scientific World Journal, 2014.

36. Gautam, S., Meshram, A., Bhagyawant, S. S., & Srivastava, N. (2014). Ficus religiosa - papel potencial em produtos farmacêuticos. Int J Pharm Sci Res, 5(5), 1616-1623.

37. Gopalkrishnan, B., & Shimpi, S. N. (2010). Sementes de Mimusops elengi Linn. farmacognosia e estudos fitoquímicos. Revista internacional de farmacognosia e investigação fitoquímica, 3(1), 13-17.

38. Gopukumar, S. T., & Praseetha, P. K. (2015). Ficus benghalensis Linn - a árvore medicinal indiana sagrada com potentes remédios farmacológicos. Int. J. Pharm. Sci. Rev. Res, 32(37), 223- 227.

39. Gouvêa, C. F., Dornelas, M. C., & Rodriguez, A. P. M. (2008). Desenvolvimento floral na tribo Cedreleae (Meliaceae, sub-família Swietenioideae): Cedrela e Toona. Anais de botânica, 101(1), 39-48.

40. Govaerts, R., Frodin, D. G., & Pennington, T. D. (2001). World checklist and bibliography of Sapotaceae. Royal Botanic Gardens.

41. Govil, J. N., Singh, V. K., & Hashmi, S. (1993). Plantas medicinais: novas perspectivas de investigação.

42. Gupta, P. C. (2013). Mimusops elengi Linn.(Bakul)-Uma planta medicinal potencial: Uma revisão. Int. J. Pharm. Phytopharmacol. Res, 2(5), 332-339.

43. Gupta, R. K. (1993). Multipurpose trees for agroforestry and wasteland utilisation. Oxford & IBH Publishing Co.,.

44. Harris, S. (2004). Leguminosas lenhosas (excluindo Acácias), 1793-1797.

45. Hashmat, I., Azad, H., & Ahmed, A. (2012). Neem (Azadirachta indica A. Juss) - Uma farmácia da natureza: uma visão geral. Int Res J Biol Sci, 1(6), 76-79.

46. Hatfield, J. L., & Prueger, J. H. (2015). Extremos de temperatura: Efeito no crescimento e desenvolvimento das plantas. Extremos meteorológicos e climáticos, 10, 4-10.

47. Hensleigh, T. E., Corps, P., & Holaway, B. K. (1988). Espécies agroflorestais para as Filipinas.

48. Hossain, H., Jahan, F., Howlader, S. I., Dey, S. K., Hira, A., Ahmed, A., & Sarkar, R. (2012). Avaliação da atividade antiinflamatória e do teor de flavonóides totais da casca de Manilkara zapota (Linn.). Int J Pharm Phytopharmacol Res, 2(1), 35-39.

49. Jain, P. K., Soni, P., Upmanyu, N., & Shivhare, Y. (2011). Avaliação da atividade analgésica de Manilkara zapota (folhas). Eur J Exp Biol, 1(1), 14-17.

50. Johnson, I. R., & Thornley, J. H. M. (1985). Temperature dependence of plant and crop process. Annals of Botany, 55(1), 1-24.

51. Jones, D. T., & German, P. (1993). Flora of Malaysia illustrated. Oxford University Press.

52. Judd, W. S., Campbell, C. S., Kellogg, E. A., Stevens, P. F., & Donoghue, M. J. (1999). Sistemática de plantas: uma abordagem filogenética. Ecología mediterránea, 25(2), 215.

53. Kadam, P. V., Yadav, K. N., Deoda, R. S., Shivatare, R. S., & Patil, M. J. (2012). Mimusops elengi: Uma revisão sobre etnobotânica, perfil fitoquímico e farmacológico. Journal of Pharmacognosy and Phytochemistry, 1(3).

54. Kalita, D., & Saikia, C. N. (2004). Chemical constituents and energy content of some latex bearing plants. Bioresource Technology, 92(3), 219-227.

55. Kaneria, M., Baravalia, Y., Vaghasiya, Y., & Chanda, S. (2009). Determinação do potencial antibacteriano e antioxidante de algumas plantas medicinais da região de Saurashtra, Índia. Revista indiana de ciências farmacêuticas, 71(4), 406-412.

56. Kasarkar, A. R., & Kulkarni, D. K. (2011). Estudos fenológicos da família Zingiberaceae com especial referência a alpinia e zingiber da região de Kolhapur (ms) Índia. Bioscience Discovery, 2(3), 322-327.

57. Keatley, M. R., & Fletcher, T. D. (2003). Austrália. Em Phenology: An integrative environmental science (pp. 27-44). Springer, Dordrecht.

58. Khaliq, H. A. (2017). Uma revisão dos estudos farmacognósticos, físico-químicos, fitoquímicos e farmacológicos sobre Ficus bengalensis L. Journal of scientific and innovative Research, 6(4), 151-163.

59. Khare, C.P., 2004. Encyclopaedia of Indian Medicinal Plant. Springer-Verlag, Nova Iorque, pp: 95-96.

60. Kirtikar, K. R. B. B., & Basu, B. D. (1935). Indian medicinal plants. Indian Medicinal Plants.

61. Kirtikar, K. R., & Basu, B. D. (1991). Indian medicinal plants, 2nd edn, Periodical experts book agency. Delhi, 2(2), 1488.

62. Kirtikar, K. R., Basu B. D. (1991). Indian Medicinal Plants, 2ª ed. Distribuidores internacionais de livros, Dehradun.

63. Kothapalli, P. K., Sanganal, J. S., & Shridhar, N. B. (2014). Fitofarmacologia de Ficus bengalensis - Uma revisão. Jornal Asiático de Pesquisa Farmacêutica, 4(4), 201-204.

64. Krishnapillay, B., Marzalina, M., & Haris, M. (1993). Sementes e frutos de algumas espécies tropicais comuns usadas como medicamento por curandeiros populares. Buletin FRIM, 3(2), 9-11.

65. Kruckeberg, A. R., & Rabinowitz, D. (1985). Biological aspects of endemism in higher plants. Revisão anual de ecologia e sistemática, 16(1), 447-479.

66. Kumar, A., Sandeep, D., Tomer, V., Gat, Y., & Kumar, V. (2018). Ficus religiosa: uma árvore medicinal saudável. Jornal de Farmacognosia e Fitoquímica, 7(4), 32-37.

67. Kumar, K. S., Umadevi, M., Bhowmik, D., Singh, D. M., & Dutta, A. S. (2012). Tendências recentes em usos medicinais e benefícios para a saúde das ervas tradicionais indianas Aegle marmelos. The Pharma Innovation, 1(4), 57-

65.

68. Kumar, R. V., & Augusti, K. T. (1989). Efeito antidiabético de um derivado de leucocianidina isolado da casca de Ficus bengalensis Linn. Jornal indiano de bioquímica e biofísica, 26(6), 400-404.

69. Kumar, R., & Kalavathy, S. (2013). Ameaça humana no ciclo fenológico de espécies selecionadas de árvores decíduas secas na região norte de Gujarat (NGR), Gujarat, Índia. Jornal Internacional do Ambiente, 2(1), 60-69.

70. Kumar, R., Singh, R., Meera, P. S., & Kalidhar, S. B. (2003). Componentes químicos e propriedades insecticidas de Bakain (Melia azedarach L.)-Uma revisão. Agricultural Reviews, 24(2), 101-115.

71. Kumar, T., & Chandrashekar, K. S. (2011). Bauhinia purpurea Linn.: Uma revisão do seu perfil etnobotânico, fitoquímico e farmacológico. Revista de investigação de plantas medicinais, 5(4), 420-431.

72. Kumari, A., & Sharma, R. A. (2013). Uma revisão sobre Millingtonia hortensis Linn. Int. J. Pharm. Sci. Rev. Res, 19(2), 85-92.

73. Kumbhani N. R. e Maitreya B. (2020). Variações nos eventos fenológicos de Citrus limon L. em duas regiões diferentes de Gujarat. Revista internacional de investigação inovadora no domínio multidisciplinar, 6(7), 228-231.

74. Lambole, V. B., Murti, K., Kumar, U., Bhatt, S. P., & Gajera, V. (2010). Propriedades fitofarmacológicas de Aegle marmelos como uma potencial árvore medicinal: uma visão geral. Int J Pharm Sci Rev Res, 5(2), 67-72.

75. Lechowicz, M. J. (2001). Phenology. Encyclopedia of global environmental change, Volume 2. O sistema terrestre: dimensões biológicas e ecológicas das alterações ambientais globais.

76. Lieth, H. (1974). Objectivos de um livro de fenologia. Em Phenology and seasonality modeling (pp. 3-19). Springer, Berlim, Heidelberg.

77. Lim, T. K. (2012). Moringa oleifera. Em Edible medicinal and non medicinal plants (pp. 453-485). Springer, Dordrecht.

78. Lynn, W. T. (1910). Phenology-phrenology. The Observatory, 33, 370-371.

79. Ma, J., Luo, X. D., Protiva, P., Yang, H., Ma, C., Basile, M. J., ... & Kennelly, E. J. (2003). Novos polifenóis bioactivos do fruto de Manilkara zapota (Sapodilla). Journal of Natural Products, 66(7), 983-986.

80. Maithani, A., Parcha, V., Pant, G., Dhulia, I., & Kumar, D. (2011). Folha de Azadirachta indica (neem): A review. J Pharm Res, 4(6), 1824-1827.

81. Makkar, H. P. S., Francis, G., & Becker, K. (2007). Bioatividade de fitoquímicos em algumas plantas menos conhecidas e seus efeitos e potenciais aplicações em sistemas de produção de gado e aquacultura. animal, 1(9), 1371-1391.

82. Mallenakuppe, R., Homabalegowda, H., Gouri, M. D., Basavaraju, P. S., & Chandrashekharaiah, U. B. (2015). História, Taxonomia e Propagação de Moringa oleifera- Uma Revisão. crops, 3(3.28), 3-15.

83. Mandal, S., Shete, R., Kore, K., Otari, K., Kale, B., & Manna, A. (2010). Árvore nacional da Índia (Ficus bengalensis). Int. J. Pharm. Life Sci., 1, 268-273.

84. Mbikay, M. (2012). Potencial terapêutico das folhas de Moringa oleifera na hiperglicemia crónica e dislipidemia: uma revisão. Fronteiras em farmacologia, 3, 24.

85. Mehta, K., Balaraman, R., Amin, A. H., Bafna, P. A., & Gulati, O. D. (2003). Efeito dos frutos de Moringa oleifera no perfil lipídico de coelhos normais e hipercolesterolémicos. Jornal de etnofarmacologia, 86(2), 191-195.

86. Mickelbart, M. V. (1996). Sapodilla: Uma cultura potencial para climas subtropicais. Progress in new crops. ASHS Press, Alexandria, VA, 439-446.

87. Mitra, R., & Yadav, K. C. (1980). Estudo farmacognóstico da folha de

bakul: Mimusops elengi Linn. leaf. Indian Journal of Forestry, 3(1), 15-23.

88. Mohammed, A., Liman, M. L., & Atiku, M. K. (2013). Composição química dos extractos metanólicos da folha e da casca do caule de Senna siamea Lam. Journal of Pharmacognosy and Phytotherapy, 5(5), 98-100.

89. Møller, A. P., Rubolini, D., & Lehikoinen, E. (2008). As populações de espécies de aves migratórias que não mostraram uma resposta fenológica às alterações climáticas estão a diminuir. Proceedings of the National Academy of Sciences, 105(42), 16195-16200.

90. Morton, J. F. (1987). Frutos de climas quentes. Creative Resource Systems. Inc., Winterville, EUA. Winterville, EUA.

91. Moza, M. K., & Bhatnagar, A. K. (2005). Phenology and climate change. Current Science, 89(2), 243-244.

92. Mulik, N. G., & Bhosale, L. J. (1989). Flowering phenology of the mangroves from the west coast of Maharashtra (Fenologia da floração dos mangais da costa oeste de Maharashtra). Journal of the Bombay Natural History Society, 86(3), 355-359.

93. Murali, K. S., & Sukumar, R. (1993). Fenologia do fluxo de folhas e herbivoria numa floresta tropical decídua seca, no sul da Índia. Oecologia, 94(1), 114-119.

94. Nadembega, P., Boussim, J. I., Nikiema, J. B., Poli, F., & Antognoni, F. (2011). Plantas medicinais em baskoure, província de kourittenga, Burkina Faso: um estudo etnobotânico. Jornal de etnofarmacologia, 133(2), 378-395.

95. Nair, R., & Chanda, S. (2008). Atividade antimicrobiana do extrato de folhas de Terminalia catappa, Manilkara zapota e Piper betel. Revista Indiana de Ciências Farmacêuticas, 70(3), 390-393.

96. Nakar, R. N., & Jadeja, B. A. (2015). Fenologia de floração e frutificação de

algumas ervas, arbustos e subarbustos da Floresta da Reserva de Girnar, Gujarat, Índia. Current Science,108(1), 111-118.

97. Orwa, C., Mutua, A., Kindt, R., Jamnadass, R., & Simons, A. (2009). Base de dados Agroforestree: um guia de referência e seleção de árvores. Versão 4. Base de dados Agroforestree: um guia de referência e seleção de árvores.

98. Osman, M. A., Aziz, M. A., Habib, M. R., & Karim, M. R. (2011). Investigação antimicrobiana em Manilkara zapota (L.) P. Royen. Int J Drug Dev Res, 3(1), 185-190.

99. Oza, G. M., & Rajput, K. S. (2006). Biodiversity of Gujarat forest trees. Publicado por INSONA, Vadodara, Índia.

100. Paikra, B. K. (2017). Fitoquímica e farmacologia de Moringa oleifera Lam. Jornal de farmacopunctura, 20(3), 194-200.

101. Palada, M. C. (1996). Moringa (Moringa oleifera Lam.): Uma cultura arbórea versátil com potencial hortícola na região subtropical dos Estados Unidos. HortScience, 31(5), 794-797.

102. Pankaj, S., Lokeshwar, T., Mukesh, B., & Vishnu, B. (2011). Revisão sobre o neem (Azadirachta indica): mil problemas, uma solução. Revista Internacional de Investigação em Farmácia, 2(12), 97-102.

103. Parrotta, J. A., & Parrotta, J. A. (2001). Healing plants of peninsular India, Nova Iorque, CABI Publishing, 495-96.

104. Parveen, S., Shahzad, A., & Saema, S. (2010). Sistema de regeneração de plantas in vitro para Cassia siamea Lam., uma árvore leguminosa de importância económica. Agroforestry systems, 80(1), 109-116.

105. Pathirana, C. K., Madhujith, T., & Eeswara, J. (2020). Bael (Aegle marmelos L. Corrêa), uma árvore medicinal com imenso potencial econômico. Avanços na Agricultura, 2020.

106. Patkar, A. N., Desai, N. V., Ranage, A. A., & Kalekar, K. S. (2012). Uma revisão sobre Aegle marmelos: uma árvore medicinal potencial. Revista internacional de investigação em farmácia, 3(8), 86-91.

107. Peiris, K. H. S. (2007). Centro de Investigação e Desenvolvimento das Culturas de Frutos de Horana, Sri Lanka.

108. Pennington, T. D., & Krukoff, B. A. (1991). Os géneros de Sapotaceae. Londres: Royal Botanic Gardens, Kew.

109. Pilson, D. (2000). Herbivoria e seleção natural na fenologia da floração do girassol selvagem, Helianthus annuus. Oecologia, 122(1), 72-82.

110. Post, E. S., Pedersen, C., Wilmers, C. C., & Forchhammer, M. C. (2008). Phenological sequences reveal aggregate life history response to climate warming. Ecology, 89(2), 363-370.

111. Prakash, L., & Garg, G. (1981). CONSTITUINTES QUÍMICOS DAS RAÍZES DE MILLINGTONIA-HORTENSIS LINN E ACACIA-NILOTICA (LINN) DEL. Journal of the Indian Chemical Society, 58(1), 96-97.

112. Qureshi, H., Arshad, M., Akram, A., Raja, N. I., Fatima, S., & Amjad, M. S. (2016). Conta etnofarmacológica e fitoquímica da árvore do paraíso (Melia azedarach L.: meliaceae). Biologia Pura e Aplicada, 5(1), 5-14.

113. Ragasa, C. Y., Hofileña, J., & Rideout, J. A. (2004). Metabolito secundário de Bauhinia purpurea. Ind J Microbiol, 133(1), 1-5.

114. Ragusa-Netto, J., & Silva, R. R. (2007). Fenologia do dossel de uma floresta seca no oeste do Brasil. Revista Brasileira de Biologia, 67(3), 569-575.

115. Rahman, A. H. M. M., & Khanom, A. (2013). Estudo taxonómico e etno-medicinal de espécies da família Moraceae (Mulberry) na Flora do Bangladesh. Investigação em Ciências Vegetais, 1(3), 53-57.

116. Rahmatullah, M., Samarrai, W., Jahan, R., Rahman, S., Sharmin, N., Miajee, E. U., ... & Ahsan, S. (2010). Uma revisão etnomedicinal, farmacológica

e fitoquímica de algumas plantas da família Bignoniaceae e uma descrição das plantas Bignoniaceae em usos medicinais populares no Bangladesh. Avanços em ciências naturais e aplicadas, 4(3), 236-253.

117. Ramachandran, R., & Joshi, B. C. (1967). Chemical examination of Bauhinia purpurea flowers. Current Science, 36(21), 574-575.

118. Ramasubramaniaraja, R. (2010). Millingtonia hortensis linn.: Uma visão geral. Int. J. Pharm. Sci. Res, 4(2), 123-5.

119. Ramya, S., Jepachanderamohan, P. J., Kalayanasundaram, M., & Jayakumararaj, R. (2009). Perspetiva antibacteriana in vitro de extractos brutos de folhas de Melia azedarach Linn. contra estirpes bacterianas seleccionadas. Ethnobotanical Leaflets, 13, 254-258.

120. Rathcke, B., & Lacey, E. P. (1985). Phenological patterns of terrestrial plants. Revisão anual de ecologia e sistemática, 16(1), 179-214.

121. Reich, P. B. (1995). Phenology of tropical forests: patterns, causes, and consequences. Canadian Journal of Botany, 73(2), 164-174.

122. RIBEIRO, J., HOPKINS, M., Vicentini, A., SOTHERS, C., COSTA, M., BRITO, J., ...

& PROCÓPIO, L. (1999). Flora da reserva Ducke: Flora da reserva Ducke: Flora da reserva Ducke: guia de identificação de plantas vasculares de uma floresta de terra-firme na Amazônia Central. Manaus: INPA.

123. Ross, I. A. (2001). Plantas medicinais do mundo: Chemical constituents. Traditional and modern medicinal uses, Totowa, New Jersy, 2, 81-85.

124. Roy, D., & Rahman, A. H. M. M. (2016). Estudo sistemático e usos medicinais da família Rutaceae do distrito de Rajshahi, Bangladesh. Plant Environment Development, 5(1), 26-32.

125. Ruml, M., & Vulić, T. (2005). Importância das observações e previsões

fenológicas na agricultura. Jornal de Ciências Agrícolas, Belgrado, 50(2), 217-225.

126. Rutuja, R. S., Shivsharan, U., & Shruti, A. M. (2015). Ficus religiosa (Peepal): Uma revisão fitoquímica e farmacológica. Jornal Interancional de Ciências Farmacêuticas e Químicas, 4, 360-370.

127. Sankara-Subramanian, S., Nagarajan, S., & Sulochana, N. (1971). Flavonóides de Millingtonia hortensis. Cur Sci., 40, 1971, 194.

128. Sarkar, T., Salauddin, M., & Chakraborty, R. (2020). Propriedades farmacológicas e nutricionais em profundidade do bael (Aegle marmelos): Uma revisão crítica. Jornal de Investigação Agrícola e Alimentar, 2, 100081.

129. Schwartz, M. D. (Ed.). (2003). Phenology: an integrative environmental science (p. 564). Dordrecht: Kluwer Academic Publishers.

130. Seth, M. K. (2003). As árvores e a sua importância económica. The Botanical Review, 69(4), 321-376.

131. Shah, G. L. (1978). Flora of Gujarat state (Universidade Sardar Patel, Vallabh Vidhyanagar).

132. Sharma, D., & Paul, Y. (2013). Perfil preliminar e farmacológico de Melia azedarach L.: Uma visão geral. Jornal de Ciências Farmacêuticas Aplicadas, 3(12), 133-138.

133. Sharma, M., Puri, S., & Sharma, P. D. (2007). Atividade antifúngica de Millingtonia hortensis. Jornal Indiano de Ciências Farmacêuticas, 69(4), 599-601.

134. Sharma, O.P. (2004). Plant Taxonomy. Tata McGraw-Hill Publishing Company Limited, Nova Deli, Índia.

135. Simpson, M. G. (2010). 8-Diversidade e Classificação das Plantas com Flores: Eudicots. Simpson, MG, Ed.; Academic Press: San Diego, CA, EUA,

275-448.

136. Singh HS e Gavali JG (2008). Trees of Gujarat (Árvores de Gujarat). Departamento Florestal de Gujarat, Gandhinagar 1-394.

137. Singh, B. N., Singh, B. R., Singh, R. L., Prakash, D., Dhakarey, R., Upadhyay, G., & Singh, H. B. (2009). Atividade protetora dos danos oxidativos no ADN, potencial antioxidante e anti-quorum sensing da Moringa oleifera. Food and Chemical Toxicology, 47(6), 1109-1116.

138. Sirisha, N., Sreenivasulu, M., Sangeeta, K., & Chetty, C. M. (2010). Antioxidant properties of Ficus species-a review. Revista Internacional de Investigação Farmacêutica, 2(4), 2174- 2182.

139. Smith, Y. A. (2009). Determinação da composição química de Senna-siamea (folhas de cássia). Jornal de Nutrição do Paquistão, 8(2), 119-121.

140. Sparks, T. H., Jeffree, E. P., & Jeffree, C. E. (2000). Uma análise da relação entre os períodos de floração e a temperatura à escala nacional, utilizando registos fenológicos de longo prazo do Reino Unido. International Journal of Biometeorology, 44(2), 82-87.

141. Stewart, D. W., Dwyer, L. M., & Carrigan, L. L. (1998). Resposta fenológica do milho à temperatura. Agronomy Journal, 90(1), 73-79.

142. Subramanian, P. M., & PM, S. (1977). CONSTITUINTES QUÍMICOS DE FICUS BENGALENSIS, 15(B), 762.

143. Subramanian, S. S., & Nair, A. G. R. (1972). Myricetin and myricetin-3-OL-rhamnoside from the leaves of Madhuca indica and Achras sapota. Phytochemistry.

144. Sultana, S., Khan, M. A., Ahmad, M., Bano, A., Zafar, M., & Shinwari, Z. K. (2011). Autenticação da medicina herbal neem (Azadirachta indica A. Juss.) utilizando técnicas taxonómicas e farmacognósticas. Jornal de Botânica do

Paquistão, 43(SI), 141-150.

145. Suresh, K. (2008). Investigação antimicrobiana e fitoquímica das folhas de Carica papaya L., Cynodon dactylon (L.) Pers., Euphorbia hirta L., Melia azedarach L. e Psidium guajava L. Ethnobotanical Leaflets, 2008(1), 157.

146. Swaminathan, M. S., Kochhar, S. L., & Chaudhary, S. (2007). Groves of beauty and plenty (Bosques de beleza e abundância). Macmillan.

147. Tewari, D. N. (1992). Monografia sobre o neem (Azadirachta indica A. Juss.). Distribuidores Internacionais de Livros.

148. Thakur, S., Choudhary, S., Singh, A., Ahmad, K., Sharma, G., Majeed, A., & Bhardwaj,

P. (2016). Diversidade genética e estrutura populacional de Melia azedarach nas planícies do noroeste da Índia. Árvores, 30(5), 1483-1494.

149. Tollefson, J. (2016). A agitação política ameaça as proteções ambientais do Brasil. Nature News, 539(7628), 147.

150. Trease, M. T., & Evans, S. E. (1978). A análise fitoquímica e o rastreio antibacteriano de extractos de Tetracarpetum conophorum. J. Chem. Sci Nig, 26, 57-58.

151. Tripathi, R., Kumar, A., Kumar, S., Prakash, S., & Singh, A. K. (2015). Ficus benghalensis Linn.: Um medicamento tribal com vasto potencial comercial. Jornal Indiano de Agricultura e Ciências Afins, 1(3), 95-102.

152. Ugbabe, G. E., & Ayodele, A. E. (2008). Estudos epidérmicos foliares na família Bignoniaceae JUSS. na Nigéria. Jornal Africano de Investigação Agrícola, 3(2), 154-166.

153. Vietmeyer, N. D. (1992). Neem: uma árvore para resolver problemas globais. Relatório de um painel ad hoc do Conselho de Ciência e Tecnologia para o Desenvolvimento Internacional, Conselho Nacional de Investigação.

National Academy Press.

154. Vimal Mishra, Reepal Shah, Amit Garg (2016), Climate Change in Madhya Pradesh: Indicadores, Impactos e Adaptação

155. Wassel, M., Abdel-Wahab, S. M., & Ammar, N. M. (1986). Constituintes dos óleos essenciais de Bauhinia variegata L. e. Bauhinia purpurea, 357-361.

156. Wheelwright, N. T. (1985). Fruit size, gape width, and the diets of fruit eating birds. Ecology, 66(3), 808-818.

157. Whiteaker, L. D., & Doren, R. F. (1989). Estratégias de gestão de espécies vegetais exóticas e lista de espécies exóticas em categorias prioritárias para o Everglades National Park. Relatório de Gestão de Recursos SER-89/04. Atlanta, Geórgia: Serviço de Parques Nacionais do Departamento do Interior dos EUA, Região Sudeste. Divisão de Recursos Nacionais Científicos.

158. Yadav, R. K., & Yadav, A. S. (2008). Phenology of selected woody species in a tropical dry deciduous forest in Rajasthan, India. Tropical Ecology, 49(1), 25.

159. Yadav, R., Pednekar, A., Avalaskar, A., Rathi, M., & Rewachandani, Y. (2015). World Journal of Pharmaccutical Sciences. mudanças, 3(8), 1572-1577.

160. Yogendr, B., Kalpana, P., Rawat, M. S. M., Sunil, J., & Sampada, U. (2009). Atividade antiulcerosa de Melia azedarach Linn em ratos induzidos por aspirina c ligados ao piloro. Jornal de Investigação Farmacêutica, 2(9), 1456-1459.

161. Zhang, G., Song, Q., & Yang, D. (2006). Fenologia de Ficus racemosa em Xishuangbanna, Sudoeste da China 1. Biotropica: The Journal of Biology and Conservation, 38(3), 334-341.

162. Zhou, H., Hamazaki, A., Fontana, J. D., Takahashi, H., Wandscheer, C. B., & Fukuyama, Y. (2005). Limonóides citotóxicos da Melia azedarach brasileira. Chemical and pharmaceutical bulletin, 53(10), 1362-1365.

Printed by Books on Demand GmbH, Norderstedt / Germany